Bibliografische Information der Deutschen Nationalbibliothek:

Die Deutsche Bibliothek verzeichnet diese Publikation in der Deutschen National-
bibliografie; detaillierte bibliografische Daten sind im Internet über http://dnb.d-
nb.de/ abrufbar.

Impressum:

Copyright © 2013 GRIN Verlag, Open Publishing GmbH
Druck und Bindung: Books on Demand GmbH, Norderstedt Germany
ISBN: 9783668277618

Dieses Buch bei GRIN:

http://www.grin.com/de/e-book/285746/fachpraktikumsbericht-mathematik-
unterrichtsentwurf-fuer-die-6-und-10

Andreas Gröger

Fachpraktikumsbericht Mathematik. Unterrichtsentwurf für die 6. und 10. Klasse am Gymnasium

GRIN Verlag

Gottfried Wilhelm Leibniz Universität Hannover

Institut für Didaktik der Mathematik und Physik

Praktikumsbericht zum Fachpraktikum Mathematik für das
Lehramt an Gymnasien

Inhaltsverzeichnis

1. Einleitung

Das Fachpraktikum im Fach Mathematik habe ich an der X-Schule in Y durchführen können. Aufgeteilt wurde dieses Praktikum in zwei Phasen. In der ersten Phase, vom 05.11. - 16.11.2012, konnten bereits einige Kontakte mit Lehrkräften der Schule hergestellt und sich zusätzlich ein erstes Bild dieser Schule gemacht werden. An der Schule sind 69 Lehrer dafür zuständig, den ca. 600 Schülerinnen und Schülern (Abkürzung in der Folge: SuS') entsprechendes Wissen sowie weitere Kompetenzen zu vermitteln. Das Fach Mathematik unterrichten elf Lehrkräfte. Auch fanden be-reits in der ersten Phase einige Hospitationen meinerseits statt.

In der zweiten Phase, vom 11.02. - 08.03.2013, wurden diese Unterrichtsbesuche dann intensiviert. Im 'Allgemeinen Schulpraktikum' (ASP) verfolgte ich noch die Strategie, möglichst jede Mathematiklehrkraft zu besuchen und möglichst viel Mathematikunterricht zu beobachten. Im Fachpraktikum wurde diese Strategie dahingehend abgeändert, dass der Schwerpunkt auf einzelnen Klassenstufen lag. Im Zeitraum der vier Wochen begleitete ich eine fünfte, eine sechste, eine neunte und eine zehnte Klasse sowie einen Q2-Kurs. Ziel dieser Strategieabänderung ist es gewesen, einen besseren Überblick über die entsprechenden Lerngruppen zu bekommen, bzw. auch den Verlauf der Unterrichtsinhalte besser verfolgen zu können. Auch im Hinblick auf die eigenen Unterrichtsversuche bewährte sich diese "Beobachtungsstrategie".

Ich möchte vorweg nehmen, dass ich mich an der X-Schule wohl gefühlt habe und seitens der Schule gut betreut wurde. Allgemein kann man zum Kollegium sagen, dass untereinander eine sehr harmonische Stimmung herrscht. Aktionen, wie regelmäßig durchgeführte Fußballspiele, verstärken diesen Eindruck. Im Profifußball wird gerne davon gesprochen, dass eine Mannschaft 'intakt' ist. Soweit ich es beurteilen kann, würde ich sagen, trifft dies auch auf das Kollegium an der X-Schule zu.

In der Folge sollen nun zwei Unterrichtsentwürfe dargestellt und deren Durchführung reflektiert werden. Der erste Unterrichtsversuch fand in der Klasse 10 zum Thema der Differentialrechnung statt. Hier ging es speziell um den graphischen Zusammenhang von einer Funktion und deren erster Ableitung. Der zweite Unterrichtsversuch in der 6 behandelte Themen aus der Wahrscheinlichkeitsrechnung. Der Unterschied in der Bedeutung der Begriffe 'Ergebnis' und 'Ereignis' sowie eine Regel zur Berechnung der Laplace-Wahrscheinlichkeit standen hier im Mittelpunkt. Der zweite Unterrichtsversuch fand in Kooperation mit Herrn A. statt, wobei ich den zweiten Teil dieses Unterrichtsversuches durchgeführt habe.

2. Unterrichtsentwurf "Graphischer Zusammenhang zwischen einer Funktion und deren erster Ableitung"

2.1 Beschreibung der Lerngruppe 10

In der Klasse 10, unterrichtet in Mathematik von Herrn B., befinden sich zur Zeit 16 Schülerinnen und 8 Schüler. Eine feste Sitzordnung existiert im Mathematikunterricht nicht. So kommt es teilweise dazu, dass einzelne Lernende ihren Platz innerhalb einer Woche wechseln. Dennoch gibt der angefertigte *Sitzplan* einen gewissen Aufschluss über die Klassenkonstellation. I', H', G' und J' in der hinteren rechten Ecke des Klassenraumes, gesehen vom Lehrerpult aus, nehmen engagiert am Unterricht teil und sind an den Inhalten interessiert. Die anderen SuS' der letzten Reihe, insbesondere L' und M', beteiligen sich erst nach Aufforderung an Unterrichtsgesprächen. Auf die Fensterseite mit D', B', C', E' und A' trifft diese Beschreibung auch zu. Hinzu kommt speziell bei B', C' und A', dass sie Schwierigkeiten mit den aktuellen Unterrichtsinhalten haben. Dies hängt zusammen mit mangelnden Vorkenntnissen, gerade im Bereich des Ausmultiplizierens. Zu den Leistungsstärksten innerhalb dieser Klasse zählen N', I' und Q'. Q' ist eingebunden in die linke hintere Jungengruppe mit S', R' und P'. Diese Gruppe ist eher zurückhaltend mit der Beteiligung im Unterricht. In Arbeitsphasen kommt es dann aber meist dazu, dass Q' die Anderen unterstützt, bspw. bei Rechnungen. V' sitzt im Mittelblock frontal zum Lehrerpult. Er ist auch über den Unterricht hinaus an mathematischen Problemstellungen interessiert und bspw. B' und A' weit voraus. N' ist fast immer die richtige Ansprechpartnerin, wenn es um richtige Ergebnisse geht. Sie liegt Leistungsmäßig ungefähr auf dem Niveau von V', ist aber von ihrer Persönlichkeit eher zurückhaltend. Eine selbstständige Beteiligung am Unterricht findet eher selten statt. K' aus dem Mittelblock hat teilweise fachliche Probleme, ist aber, im Gegensatz zu bspw. B', sehr fleißig. Insgesamt entsteht somit ein heterogenes Leistungsbild.

Aus dieser Lerngruppenbeschreibung ergeben sich einige Konsequenzen. In Erarbeitungsphasen müssen Personen, wie z.B. B' oder A', unterstützt werden. Zudem müssen die 'Besseren' gezielt gefördert werden. Es ergibt sich also, dass für diese Lerngruppe ein gewisses Maß an Differenzierung notwendig ist, um allen gerecht zu werden. Dieser Aspekt wird im Kapitel 2.5 'Didaktisch-methodische Überlegungen' aufgegriffen.

2.2 Sachanalyse: Differentialrechnung

Zentrales Thema der Differentialrechnung ist die Berechnung lokaler Veränderungen von Funktionen. Diese lokale Veränderung (auch als lokale Änderungsrate bezeichnet) kann mit Hilfe des Grenzwertes des Differenzenquotienten berechnet werden.

Sei $V \subset \mathbb{R}$ und $f : V \to \mathbb{R}$ eine Funktion. f heißt in einem Punkt $x \in V$ differenzierbar, falls der Grenzwert

$$f'(x) := \lim_{\mu \to x} \frac{f(\mu) - f(x)}{\mu - x}$$

existiert. Insbesondere muss hier vorausgesetzt werden, dass es mindestens eine Folge $\mu_n \in V$ ohne $\{x\}$ mit $\lim_{n \to \infty} \mu_n = x$ geben muss (vgl. Forster, 2008, S. 151).

In Klassenstufe 10 sei aber zur Vereinfachung die Funktion f als "gutartig" anzusehen. D.h. es wird bspw. von stetigen oder abschnittsweise stetigen Funktionen ausgegangen. Der Grenzwert $f'(x)$ heißt Differentialquotient oder Ableitung von f im Punkte x. Man kann den Differentialquotienten auch darstellen als

$$f'(x) = \lim_{h \to 0} \frac{f(x + h) - f(x)}{h}.$$

Dies gilt auch wieder nur mit Einschränkungen, welche aber aufgrund der angenommenen "Gutartigkeit" entfallen (vgl. Forster, 2008, S. 151).

Der Differenzenquotient $\frac{f(\mu) - f(x)}{\mu - x}$ ist, geometrisch betrachtet, die Steigung der Sekante des Graphen von f durch die Punkte $(x, f(x))$ und $(\mu, f(\mu))$. Beim Grenzübergang $\mu \to x$ geht die Sekante in die Tangente an den Graphen von f im Punkt $(x, f(x))$ über. Somit ergibt sich, dass $f'(x)$ die Steigung der Tangente im Punkt $(x, f(x))$ angibt (vgl. Forster, 2008, S. 151). Aufbauend auf diesen Vorstellungen können dann Differentiations- (oder auch Ableitungs-) Regeln formuliert werden, um den Rechenaufwand des Differentialquotienten zu umgehen. Einzug in Klasse 10 finden grundlegende Regeln wie:

Für eine differenzierbare Funktion f_n mit $f_n(x) = x^n$ gilt für $f_n'(x) = n * x^{n-1}$. $n \in \mathbb{N}$.

2.3 Einordnung in den unterrichtlichen Zusammenhang

Die Unterrichtseinheit mit dem Thema "Von der mittleren zur momentanen Änderungsrate" ist so gut wie abgeschlossen. In den letzten Stunden wurde die Berechnung der momentanen Änderungsrate mit Hilfe des Differentialquotienten geübt. Hierbei wurde die 'h-
Methode' angewandt (vgl. S. 5, Z. 13). Weiter wurde die erste Ableitung eingeführt und eine Regel zur Ableitung von Potenzen mit ganzzahligem Exponenten entwickelt (vgl. S. 5,
Z. 23). Am Mittwoch, den 20.02.2013, wurde eine Klausur zu diesen Inhalten geschrieben.
In der heutigen Stunde soll es nun um die graphische Darstellung der ersten Ableitungsfunktion gehen. Aufgegriffen wurde im Unterricht bis zur heutigen Stunde nur die Sekan-
ten- und die Tangentensteigung. Im Mittelpunkt soll heute die Ableitungsfunktion als 'Tan-
gentensteigungsfunktion' stehen.

2.4 Didaktisch-methodische Überlegungen

Die Differentialrechnung ist traditionell fest im niedersächsischen Kerncurriculum veran-
kert. Bereits nach der achten Klasse sollen die SuS' in der Lage sein, die Steigung als
konstante Änderungsrate anzusehen. In der zehnten Klasse kommen weitere Aspekte
hinzu, wie z.B. die Interpretation der Ableitung als lokale Änderungsrate und als Tangentensteigung. Zudem wird auch Wert auf den graphischen Zusammenhang gelegt. Hier
heißt es: "Die SuS' entwickeln Grafen und Ableitungsgrafen auseinander, beschreiben
und begründen Zusammenhänge und interpretieren diese in Sachzusammenhängen."
(Niedersächsisches Kerncurriculum, 2007, S. 35)

Aber auch abgesehen von diesen rechtlichen Vorgaben lässt sich die Differentialrechnung
als Bestandteil des Mathematikunterrichts rechtfertigen. Außerhalb der mathematischen
Welt ist die Differentialrechnung von Nöten, um alltagsweltliche Probleme zu lösen. Jeder
Ingenieur ist ohne Differential- und Integralrechnung regelrecht aufgeschmissen. Aber
auch für SuS' gibt es in ihrer Alltagswelt Ereignisse, die sich mit Hilfe der Differentialrechnung erklären lassen. Hier ist zum Beispiel der Zusammenhang zwischen Geschwindigkeit und Beschleunigung zu nennen. Kennt man die Funktion der Geschwindigkeit, bzw.
den Geschwindigkeitsverlauf, so lässt sich mit Hilfe der Differentialrechnung die Beschleunigung zu einem beliebigen Zeitpunkt berechnen. Die Mathematik macht es also im
Bereich der Differentialrechnung möglich, "Erscheinungen der Welt um uns, die uns alle
angehen oder angehen sollten, aus Natur, Gesellschaft und Kultur, in einer spezifischen
Art wahrzunehmen und zu verstehen." (Winter, 1995, S.1)

In der von mir geplanten Stunde sollen die SuS' die graphischen Zusammenhänge zwischen einer Funktion und deren erster Ableitung verstehen und in der Folge auch erläutern können. Ein mathematischer Sachverhalt sollte nach J. Bruner möglichst in allen drei Ebenen - enaktiv, ikonisch, symbolisch - erfasst werden (vgl. Hafenbrak, 2004, S. 1). Da in der Vergangenheit die SuS' sich verstärkt auf der symbolischen Ebene aufgehalten haben, d.h. lokale Änderungsraten mit Hilfe des Differentialquotienten berechneten, ist es demnach sinnvoll, diese Ebene zu verlassen und den Sachverhalt auf der ikonischen Ebene weiter zu verdeutlichen.

In Aufgabe 1) des *Arbeitsblattes* wird bewusst auf die Vorgabe der Ableitungsfunktion verzichtet, um den SuS' einen leichteren Einstieg, bzw. einen leichteren Übergang zwischen den Ebenen, zu ermöglichen. Die Funktionsgleichung $f(x) = (x - 1)^2 - 1$ ist bewusst in Scheitelpunktsform angegeben, um den SuS' dennoch eine Herausforderung zu bieten, obwohl sie das rechnerische Bestimmen der Ableitungsfunktion bereits können. Um die bereits bekannte Ableitungsregel (vgl. S. 5, Z. 23) anwenden zu können, müssen die SuS' zunächst die zweite binomische Formel anwenden. Somit dient Aufgabe 1) der Wiederholung von bekannten Inhalten und der Hinführung zur ikonischen Ebene, da die SuS' in der Folge jeweils den Graphen von f und f' zeichnen sowie erste Interpretationen des Zusammenhangs der jeweiligen Graphen aufstellen sollen. Der graphische Zusammenhang von einer Funktion und deren erster Ableitung ist deshalb von Interesse, da es auch ohne die Funktionsgleichung von f möglich ist, die Änderung der Funktion näherungsweise graphisch zu bestimmen. Natürlich ist auch die Umkehrung möglich, d.h. der Rückschluss auf die Ausgangsfunktion, wenn die Ableitungsfunktion vorliegt. Ziel von Aufgabe 1) ist es, die jeweiligen Monotonieaussagen zur Funktion f im Bezug zur ersten Ableitungsfunktion f' zu verstehen und zu formulieren.

Wenn der Graph von f steigt, ist $f' > 0$

Wenn der Graph von f fällt, ist $f' < 0$

Wenn der Graph von f an der Stelle x einen Hoch-/Tiefpunkt hat, ist $f'(x) = 0$

In Aufgabe 2) des *Arbeitsblattes* soll dann das Erlernte aus Aufgabe 1) angewendet werden, um die graphischen Zusammenhänge zwischen einer Funktion und deren Ableitung weiter zu festigen. Hier sollen vier gegebenen Funktionen jeweils die passende Ableitungsfunktion zugeordnet werden. Die SuS' sind weiter dazu aufgefordert ihre jeweiligen Zuordnungen zu begründen, indem sie die aufgestellten Zusammenhänge aus Aufgabe 1) nutzen. Aufgabe 3) dient dann dem Zweck, diese Zusammenhänge weiter zu vertiefen. Allein anhand des Graphens der Funktion h sollen die SuS' die Ableitungsfunktion h' näherungsweise bestimmen. Aufgabe 3) soll somit aufzeigen, dass man nicht unmittelbar die Funktionsgleichung einer Funktion benötigt, um Aussagen über ihre Änderungsrate treffen zu können.

Durchgeführt wird der erste Teil des Unterrichts, die Bearbeitung von Aufgabe 1), nach dem methodischen Prinzip 'Ich-Du-Wir' (Think-Pair-Share). Dieses Prinzip ist so angelegt, dass sich zunächst jeder Lernende selbstständig mit dem gestellten Arbeitsauftrag auseinander setzt. Anschließend werden in Partnerarbeit die Ergebnisse verglichen und diskutiert. Am Ende der 'Ich-Du-Wir' Phase stellen dann die SuS' ihre Ergebnisse im Plenum vor, welche dann für alle Lernenden in geeigneter Form festgehalten werden. Gerade in Erarbeitungsphasen mit interpretatorischem 'Spielraum' bietet sich dieses Prinzip an, da allen Lernenden so die Möglichkeit gegeben wird, sich eigenständig Gedanken zur Fragestellung zu machen. Als Lernender befindet man sich sozusagen zunächst in einem 'geschützten Raum', der dann immer weiter ge-öffnet wird, bis am Ende im Plenum diskutiert wird. Somit soll auch 'schwächeren' Ler-nenden die Möglichkeit gegeben werden, sich an der Lösungsfindung zu beteiligen. Eine reine Gruppenarbeit von Anfang an würde dem entgegenwirken, da meist nur einzelne Lösungsansätze von den 'Stärkeren' betrachtet werden. Zudem kann man sich bei einer Gruppenarbeit auch gut zurückziehen, denn die 'Stärkeren' werden schon eine akzeptable Lösung herausfinden. Weitere Überlegungen zum Unterrichtsablauf sind in Kapitel 2.6 'Geplanter Unterrichtsverlauf' zu finden.

Zur nötigen Differenzierung innerhalb dieser Lerngruppe werden zum einen in der 'Ich'-Erarbeitungsphase vorne am Lehrerpult *Hilfestellungszettel* ausliegen und zum anderen können sich 'schnellere' Lernende schon während der zweiten Bearbeitungsphase mit Aufgabe 3) beschäftigen.

2.5 Geplanter Unterrichtsverlauf

Phasen	Inhalt/Verlauf	Organisation/Sozialform/ Didakt. Kommentar
Einstieg (5 Minuten)	Erklärung des heutigen Stundenthemas, Einführung in die Bearbeitungsphase.	Arbeitsblätter werden erst nach der Erklärung des Prinzips 'Ich-Du-Wir' verteilt, um den Aufmerksamkeitsfokus auf der Erklärung der Aufgabe zu halten. Hilfestellungszettel liegen vorne am Lehrerpult aus.
Bearbeitungsphase 1 (15-20 Minuten)	SuS' bearbeiten Aufgabe 1) des Arbeitsblattes.	'Ich': Einzelarbeit. 'Du': Partnerarbeit. Aufgrund des sich ändernden Sitzplans wird spontan die Zuordnung angepasst.
Kognitive Phase (5-10 Minuten)	Festhalten der Ergebnisse aus Aufgabe 1.	'Wir': Unterrichtsgespräch. Rechte Tafelhälfte: Skizze der Funktion und der Ableitung. Linke Tafelhälfte: Ergebnisse (vgl. S. 7, Z. 25ff).
Bearbeitungsphase 2 (5 Minuten)	SuS' ordnen in Aufgabe 2) die jeweiligen Graphen der Funktion den entsprechenden Ableitungsfunktionen zu.	Einzelarbeit: SuS', die mit Aufgabe 2) fertig sind, können mit Aufgabe 3) beginnen.
Abschluss (5 Minuten)	Besprechung von Aufgabe 2). Hausaufgabe: Aufgabe 3)	Unterrichtsgespräch. Ansage der Hausaufgabe.

2.6 Reflexion

Der Unterrichtsentwurf zielte - wie bereits dargestellt - darauf, dass die SuS' den graphischen Zusammenhang zwischen einer Funktion und deren erster Ableitung verstehen. Insbesondere standen die entsprechenden Monotonieaussagen (S. 7, Z. 25ff) im Mittelpunkt. Im Folgenden wird der Unterrichtsablauf chronologisch reflektiert.

Zu Beginn der Stunde ist es mir wichtig gewesen, dass die SuS' das Prinzip 'Ich-Du-Wir' zur Bearbeitung von Aufgabe 1) verstehen. Hierfür war es von Vorteil, dass das Arbeitsblatt noch nicht verteilt worden ist. Auf der anderen Seite wussten die SuS' zu dem Zeitpunkt nicht, worum es in Aufgabe 1) gehen würde. Da aber das Prinzip im Vordergrund stand, eignete sich dennoch dieser Weg. Im Anschluss an die Erklärung wurden die Arbeitsblätter verteilt und N' wurde von mir aufgefordert, die erste Aufgabe der Klasse vorzulesen. Meine Wahl fiel auf N', da ich mir sicher war, dass sie die Aufgabe für alle verständlich vortragen würde. Im Nachhinein ist die Wahl der Vorleserin aber eher ungeeignet. Hier hätte man besser einem leistungsschwächeren Schüler die Möglichkeit geben sollen, sich im Unterricht einzubringen. Rückfragen gab es zum Prinzip und zur Aufgabe vorerst keine, was meinen Eindruck verstärkte, dass die ausführliche Erklärung am Anfang angekommen ist. In wie weit die Erklärung des methodischen Prinzips zu umfangreich gewesen ist, darüber lässt sich streiten. Ich bin der Meinung, dass man bei der Einführung einer 'neuen' Arbeitsweise sich genügend Zeit dafür nehmen sollte, um dann bei späterem Wiedergebrauch entsprechende Zeit einsparen zu können.

Mit Beginn der ersten Bearbeitungsphase tauchten Probleme mit der Berechnung der ersten Ableitung auf. Vielen ist es nicht möglich gewesen, die erste Ableitung zu bestimmen, obwohl als Zwischenschritt zur bekannten Regel (S. 5, Z. 23) nur die Anwendung der 'zweiten binomischen Formel' notwendig gewesen wäre. Dieser 'Stolperstein' wurde ja bewusst eingebaut, um zurückliegenden Stoff zu wiederholen. Doch stellte sich dieser Aspekt dann doch eher als K.O.-Kriterium für das '**Ich**-Du-Wir' Prinzip heraus. Da die Ableitung Grundlage zur weiteren Bearbeitung gewesen ist, fingen Partnergespräche an, um zu ermitteln, wie denn überhaupt der Funktionsterm der ersten Ableitung aussehen müsste. Von da an war die 'Ich'-Phase bei den meisten Lernenden selbstständig beendet und teilweise musste auch von mir Hilfestellung geleistet werden, damit die SuS' die erste Ableitung bestimmen konnten. Es stellt sich also die Frage, ob dieser 'Stolperstein' bei der Erarbeitung eines neuen Zusammenhanges notwendig ist. Auf der einen Seite dürfte zu diesem Zeitpunkt der 'Stolperstein' keiner mehr sein, da er nur Themenaspekte aufgreift, die in der nahen Vergangenheit liegen. Auf der anderen Seite muss man im Extremen davon ausgehen, dass nicht jeder in der Lage ist, diesen 'Stolperstein' zu überwinden. Aus diesem Grund ist es beim methodischen Prinzip 'Ich-Du-Wir' nicht günstig, einen 'Stolperstein' an den Anfang einer weiterführenden Aufgabe zu setzen.

Nachdem die Ableitungsfunktion ermittelt worden ist, konnten die SuS' den Rest von Aufgabe 1) eigenständig bearbeiten. Manche arbeiteten für sich alleine weiter, die meisten behielten die Form der Partnerarbeit bei. Zu dem Zeitpunkt war es meiner Meinung nach, aufgrund der Entwicklung in Aufgabenteil 1a, nicht mehr nötig, streng auf der Trennung von 'Ich' und 'Du' zu beharren.

Der *Hilfestellungszettel* wurde nur von A' unter die Lupe genommen. Jetzt könnte man vermuten, dass der Rest keine Hilfe benötigt hätte. Dem Wiedersprechen einige Meldungen bezogen auf Aufgabenteil c). Meiner Vermutung nach ist diese Form der Hilfestellung bei den SuS' eher unbekannt, bzw. warten sie lieber darauf, dass ihnen direkt am Platz geholfen wird. Auch nach Aufforderung, sich den *Hilfestellungszettel* doch mal näher anzuschauen, erfolgt keine Änderung des Verhaltens. Dies liegt vielleicht auch an der Benennung. Es wäre sicherlich günstiger gewesen, das Ganze 'Lösungshinweise' zu nennen. Denn Hilfe impliziert ja auch immer Hilfsbedürftigkeit. Und wer möchte schon vor der gesamten Klasse nach vorne zum Lehrerpult mit einem riesigen Schild marschieren, auf dem "Ich brauche Hilfe, ich bekomme es selber nicht hin" steht? In wie weit der *Hilfestellungszettel* A' nun wirklich weiter geholfen hat, lässt sich schwer beurteilen. Weitere Fragen tauchten seinerseits nicht mehr auf. Allerdings ist seine Lösung auch nicht bekannt. Zum *Hilfestellungszettel* direkt lässt sich festhalten, dass hier die Formulierung sehr präzise sein muss - wie auch sonst bei Arbeitsaufträgen - , um wirklich Hilfestellung zu leisten. Hier wäre es angebracht die erste Frage umzuformulieren in: "Welches Vorzeichen hat die Steigung von f in diesen Bereichen?"

Nach der ersten Bearbeitungsphase wurden dann die Ergebnisse im Plenum zusammengetragen, wobei der Fokus auf Aufgabenteil c) lag. Hier bestätigte F' mit ihrer Aussage zum Steigungsverhalten an der Scheitelstelle die Intention meiner offenen Fragestellung in Aufgabe 1c). Mit ihrer Hilfe lies sich entwickeln, dass wenn die Steigung von f null ist, dann schneidet f' die x-Achse. Darauf aufbauend konnten dann auch die anderen Zusammenhänge durch die SuS' formuliert werden. Zu den Graphen auf der rechten Tafelhälfte ist anzumerken, dass es sich gelohnt hätte, f und f' in zwei untereinander angeordnete Koordinatensysteme zu zeichnen, um den Zusammenhang dieser beiden noch klarer darstellen zu können. Dies wäre bspw. mit vertikalen Hilfslinien möglich gewesen.

Da die erste Bearbeitungsphase, aufgrund der beschriebenen Problematik in Aufgabenteil 1a), wesentlich länger gedauert hat als geplant, wurde fünf Minuten vor Ende der Stunde nur noch mit Aufgabe 2) begonnen. Bei Aufgabe 2) wäre es im Nachhinein sinnvoll gewesen, ein nicht aufgehendes Zuordnungsschema zu wählen. Um zusätzlich den Übergang zu Aufgabe 3) 'runder' zu machen, hätte man einen zusätzlichen Funktionsgraphen in Aufgabe 2) eingliedern können, dessen Ableitungsgraph dann in Aufgabe 3) hätte bestimmt werden können. Weiter hätte man in diesem Übergang von Aufgabe 2) zu Aufgabe 3) einen Bezug zur realen Welt herstellen können, bspw. Streckenverlauf - Geschwindigkeitsverlauf - Beschleunigungsverlauf. Eine Besprechung der Aufgabe 2) fand erst in der darauf folgenden Stunde statt. Hier zeigte sich rückwirkend, dass der Großteil der Klasse diese ersten Aspekte des graphischen Zusammenhangs zwischen einer Funktion und deren erster Ableitung verstanden hatte, da sowohl die Zuordnung als auch die Begründung dieser zutreffend waren.

3. Unterrichtsentwurf "Wahrscheinlichkeiten bei Laplace-Experimenten"

3.1 Beschreibung der Lerngruppe 6

In der Musikklasse 6 sind 19 Mädchen und 8 Jungen. Ihr Mathematiklehrer Herr C. ist gleichzeitig der Klassenlehrer der Lerngruppe und pflegt einen lockeren und vertrauten Umgang mit den Kindern. Die SuS' beteiligen sich in hohem Maße am Un-terricht und bringen sich mit vielen konstruktiven Beiträgen in das Unterrichtsgeschehen ein. Die Lebendigkeit und Aktivität der Lerngruppe hat dabei eher positive Auswirkungen auf das Lernklima, was sicherlich auch an der Berücksichtigung enaktiver und anschaulicher Aspekte bei der Unterrichtsgestaltung von Herrn C. liegt. Die Lernenden äußern offen ihre Verständnisschwierigkeiten und stellen Nachfragen, sofern sie etwas nicht verstanden haben. Aufgrund der kurzen Hospitationszeit ist es nicht möglich, sich ein ausreichendes Bild über den Leistungszustand der einzelnen SuS' zu machen. Dennoch lassen sich einige Anmerkungen zu einzelnen Lernenden im Themenkomplex 'Wahrscheinlichkeit' formulieren. Im Folgenden werden einzelne SuS' genannt, deren Sitzplatz im Klassen-raum dem *Sitzplan* entnommen werden kann. Leistungsmäßig hervorzuheben sind in dieser Klasse B* und F*, die durch ihr mathematisches Verständnis sowie präzise Formulierungen immer wieder auffallen. Auch D* ist mathematisch den meisten ein Stück weit voraus. Dennoch erreicht sie noch nicht das Niveau von F* und B*. K* leistet zum Teil auch gute Beiträge, ihm fällt aber die Formulierung seiner Gedanken manchmal schwer. Dies hat zur Folge, dass er gerne auch länger spricht, ohne inhaltlich wirklich auf den Punkt zu kommen. J*, G* (an der Wandseite), B*, A* und E* sind als eher zurückhaltend zu beschreiben. Sie benötigen einen Impuls, um sich am Unterrichtsgeschehen zu beteiligen. Auf "Minuszeichen" wurde im *Sitzplan* verzichtet, da die Klasse 6 generell als eine leistungsstarke Lerngruppe bezeichnet werden kann.

3.2 Sachanalyse: Laplace-Wahrscheinlichkeit

Die Definition der Laplace-Wahrscheinlichkeit wird auch als klassische Definition der Wahrscheinlichkeit angesehen. Neben dieser Definition nach Pierre Simon Laplace existieren noch weitere Definitionen, die im Folgenden zum Verständnis kurz dargestellt werden sollen.

Sei $H_n(A)$ die absolute Häufigkeit des Ereignisses A bei n Versuchen und sei $h_n(A)$ die relative Häufigkeit des Ereignisses A bei n Versuchen. Dann gilt:

$$h_n(A) = \frac{H_n(A)}{n}$$

Gilt nun für ein Ereignis A die Beziehung

$$\lim_{n \to \infty} h_n(A) = c =: P(A)$$

so nennt man P(A) die Wahrscheinlichkeit des zufälligen Ereignisses A. Dieser Zusammenhang wird als '**Statistische Definition**', zurückgehend auf Richard von Mises, bezeichnet (vgl. Richter, 2004, S. 16). "Das Nützliche der statistischen Definition besteht darin, dass damit eine Erfahrungstatsache beschrieben wird [...]." (Richter, 2004, S. 14)

Neben der 'Statistischen Definition' gibt es noch die '**Axiomatische Definition**' nach A. N. Kolmogorow. Seien eine Grundmenge G ($G \neq \emptyset$) und eine σ- Algebra S gegeben. Ist dann auf S einen Mengenfunktion P definiert mit:

(W1) $\quad 0 \leq P(A) \leq 1\, für\ alle\ A \in S$

(W2) $\quad P(G) = 1$

(W3) $\quad Falls\ A_i \in S\ und\ A_i \cap A_k = \emptyset\ für\ i \neq k, dann\ P(A_1 \cup A_2 \,...\,) = P(A_1) + P(A_2) + ...,$
$\quad\quad d.h.\ P(\cup_{i=1}^{\infty} A_i) = \sum_{i=1}^{\infty} P(A_i)$

so heißt P(A) die Wahrscheinlichkeit des zufälligen Ereignisses A (vgl. Richter, 2004, S. 17).

Als letztes folgt nun noch die '**Klassische Definition**'. Gegeben sei die endliche Ergebnismenge G = $\{g_1, g_2, ..., g_N\}$ und A = $\{g_{i1}, g_{i2}, ..., g_{iM}\}$ sei ein zufälliges Ereignis. Alle Elementarereignisse seien gleichwahrscheinlich, d.h. P($\{g_i\}$) = p für i = 1, 2, ... , N.

Dann heißt

$$P(A) := \frac{M}{N} = \frac{Anzahl\ der\ f\ddot{u}r\ A\ g\ddot{u}nstigen\ Ergebnisse}{Anzahl\ aller\ m\ddot{o}glichen\ Ergebnisse}$$

die Wahrscheinlichkeit des Ereignisses A (vgl. Richter, 2004, S. 9).

Der Vorteil der 'Klassischen Definition' (Laplace-Wahrscheinlichkeit) besteht darin, dass bei Experimenten mit gleichwahrscheinlichen Elementarereignissen meist intuitiv schon auf die richtige Wahrscheinlichkeit geschlossen wird. Beim Werfen einer 'fairen' Münze wird bspw. die Chance für das Auftreten des Wappens intuitiv als 'fifty - fifty' oder 'halb - halb' angegeben, da es zwei Möglichkeiten gibt und eine davon günstig ist. Die 'Klassische Definition' stößt dann an Grenzen, wenn es nicht mehr um gleichwahrscheinliche Elementarereignisse geht. Hier liegt dann der Vorteil der axiomatischen Herangehenswei-se, die diese Sachverhalte dennoch überprüfen kann. Dennoch bietet sich die 'Klassische Definition' der Wahrscheinlichkeit zur Einführung der Wahrscheinlichkeitsrechnung in der sechsten Klasse an, aufgrund des intuitiven Gebrauches dieser durch die SuS'.

Da es in der heutigen Stunde auch um den Unterschied von Ergebnis zu Ereignis gehen soll, muss dieser Unterschied auch kurz erläutert werden. Alle möglichen Ergebnisse ei-nes Zufallsversuches bilden die Ergebnismenge. D.h. bei einem Würfel sind die mögli-chen Ergebnisse die Zahlen von 1 - 6. Also ist die Ergebnismenge für den Würfel

{1, 2, 3, 4, 5, 6}.

Ein Ereignis ist nun eine Teilmenge der Ergebnismenge. Im Fall des Würfels wäre dies z.B. {2, 4, 6} oder auch verbal 'Eine gerade Zahl würfeln'. Die Wahrscheinlichkeit lässt sich, wie im vorigen auch schon beschrieben, nur von einem Ereignis be-stimmen. Wenn es darum gehen soll, zu bestimmen, wie oft die '1' geworfen wird, dann betrachtet man ein Einzel- oder auch Elementarereignis. Diesen Zusammenhang, dass die '1' sowohl ein Ergebnis als auch ein Elementarereignis darstellt, gilt es den SuS' zu vermitteln, bzw. ist dies ein Knackpunkt beim Unterscheiden von Ergebnis und Ereignis.

3.3 Einordnung in den unterrichtlichen Zusammenhang

Als Einführung in den Bereich der Wahrscheinlichkeitsrechnung wurden mehrere Zufallsexperimente besprochen. Dabei haben die SuS' der Klasse 6 das Werfen eines Würfels, einer Münze, einer Reißzwecke und einer Wäscheklammer kennengelernt. Mit dem Würfel haben sie mehrere Experimente durchgeführt und bereits Vermutungen über Wahrscheinlichkeiten aufgestellt. Im Zentrum stand hier zunächst der Begriff der absoluten und relativen Häufigkeit. Erste Prognosen stellten die SuS' beim Spiel 'Differenz trifft' auf, um diese dann nach der Durchführung zu überprüfen und anzupassen. In den nachfolgenden Stunden ist dann eine Tabelle entwickelt worden.

Zufallsexperiment	Werfen einer Münze	Werfen eines Würfels	Drehen eines Glücksrades (0,...,9)	Kugel aus Urne ziehen (1,...,49)
Ergebnismenge	{Kopf, Zahl}	{1,2,3,4,5,6}	{0,...,9}	{1,...,49}
Anzahl der Ergebnisse	2	6	10	49
Wahrscheinlichkeit	$\frac{1}{2}$	$\frac{1}{6}$	$\frac{1}{10}$	$\frac{1}{49}$

Diese Tabelle war Grundlage der letzten Doppelstunde am Freitag, den 1.3.13, die wir unterrichtet haben. Ziel der Stunde ist es gewesen, den Unterschied zwischen der relativen Häufigkeit, als Auswertung eines schon durchgeführten Versuches, und der Wahrscheinlichkeit, als Prognose vor einem Versuch, zu verdeutlichen. Zudem wurde der Begriff des Laplace-Experimentes eingeführt. In diesem Zusammenhang sollte die Unterscheidung zwischen einem Ergebnis und einem Ereignis den SuS' näher gebracht werden. Hier setzt die heutige Stunde weiter an, da noch nicht allen der Unterschied zwischen einem Ereignis und einem Ergebnis deutlich geworden ist. Desweiteren soll die Formel zu Berechnung von Wahrscheinlichkeiten bei Laplace-Experimenten entwickelt werden.

3.4 Didaktisch-methodische Überlegungen

Die Wahrscheinlichkeit, mit der bestimmte Ereignisse eintreten, ist nicht nur für innermathematische Problemstellungen interessant. Auch in der Alltagswelt von SuS' kann das Wissen über Wahrscheinlichkeitsverteilungen als Grundlage für Entscheidungen herangezogen werden. Wie in der Sachanalyse bereits festgestellt, verwenden SuS' meist schon intuitiv die Wahrscheinlichkeitsrechnung für einfache Zufallsexperimente, um Prognosen für das Auftreten von Ereignissen aus ihrer Lebenswelt zu bekommen. Gerade im Hinblick auf Glücks- oder Wettspiel aller Art kann die Wahrscheinlichkeitsrechnung einen Beitrag dazu leisten, junge Menschen für dieses Thema zu sensibilisieren und ihnen das Wissen mit auf den Weg zu geben, in entsprechenden Situationen die richtige Entscheidung zu treffen. Auch im Kerncurriculum der Sekundarstufe 1 heißt es in diesem Zusammenhang, dass die SuS' nach der sechsten Klasse in der Lage sein sollten, Wahrscheinlichkeiten zur Prognose von absoluten und relativen Häufigkeiten zu nutzen (vgl. Niedersächsisches Kultusministerium, 2006, S. 38).

Der erste Teil der Doppelstunde wird fast durchgehend in der Arbeitsform des Schüler-Lehrer-Gesprächs stattfinden, da ein Sachverhalt, der sich in der vorangegangenen Unterrichtsstunde als schwierig für die Lernenden erwiesen hat, noch einmal näher erklärt werden muss. Wie bereits erwähnt, handelt es sich um die Abgrenzung der Begriffe Ergebnis und Ereignis. Dafür ist ein *Merkzettel* erstellt worden, der am Anfang der Stunde den SuS' ausgeteilt sowie mit Hilfe des Over-Head-Projektors an die Wand geworfen wird. Zwei anschauliche Beispiele sollen hier da-zu dienen, den Unterschied zwischen Ergebnis und Ereignis nochmals zu verdeutlichen. Das erste Ziel der Stunde ist es folglich, dass die SuS' die Begriffe Ereignis und Ergebnis

unterscheiden und in eigenen Worten wiedergeben können. Bewusst wurden auch Einzel- oder Elementarereignisse mit in diese Tabelle aufgelistet, um diesen Knackpunkt auch direkt mit ansprechen zu können. Zudem wurde bei den Ereignissen zusätzlich die verbale Beschreibung mit angefügt. Dies soll verdeutlichen, dass sich ja etwas ereignen muss!

Das Wissen über die unterschiedliche Bedeutung soll weiter einen Beitrag dazu leisten, dass die SuS' besser abschätzen können, ob ein Zufallsversuch ein Laplace-Experiment ist oder nicht. Eben diese Fragestellung ist auch auf dem *Hausaufgabenblatt* zu finden, mit welchem sich die Lernenden als Hausaufgabe zur heutigen Stunde beschäftigen sollten. Wenn sich hier Unstimmigkeiten bei der Besprechung von Aufgabe 1) ergeben haben, sollten sich diese mit Hilfe des *Merkzettels* klären lassen. Die Intention von Aufgabe 2) ist die Hinführung zur Formel der

Laplace-Wahrscheinlichkeit (vgl. S. 15, Z. 2).

Das zweite Ziel dieser Unterrichtsstunde soll sein, dass die SuS' die Wahrscheinlichkeit eines Ereignisses eines Zufallsexperimentes mit gleichwahrscheinlichen Ergebnissen bestimmen können. So sollen im Anschluss an die Besprechung des *Hausaufgabenblattes* die SuS' die Möglichkeit bekommen, anhand von weiteren Zufallsexperimenten, die Gesetzmäßigkeit zur Bestimmung der Wahrscheinlichkeit bei Laplace-Experimenten zu entdecken. Auf dem *Übungsblatt* ist eine Tabelle gegeben, die in Aufgabe 1) auszufüllen ist. Um das Prinzip des Vervollständigens zu erklären, ist die erste Lösungsspalte schon fertig ausgefüllt, um den SuS' einen Anhaltspunkt zur Lösung zu geben.

In der Folge haben die SuS' dann die Aufgabe, die jeweils fehlenden Bestandteile zu ergänzen. Hierfür ist bei allen weiteren Beispielen die Wahr-scheinlichkeit zu bestimmen. Dies soll, wie bereits angesprochen, die SuS' intuitiv zur Formel der Laplace-Wahrscheinlichkeit hinführen. Anschließend an Aufgabe 1) sollen sie in Aufgabe 2) ihre Vermutungen zur Gesetzmäßigkeit formulieren. Speziell bei Aufgabe 2) ist die Sozialform 'Partnerarbeit' gewählt, um den SuS' die Möglichkeit zu geben, über die Zusammenhänge zu sprechen und zu diskutieren.

"Sage es mir, und ich vergesse es - zeige es mir, und ich erinnere mich - lass es mich tun, und ich behalte es." (Konfuzius)

Weitere Angaben zur Didaktik und Methodik in bestimmten Unterrichtssituationen sind an den entsprechenden Stellen im geplanten Stundenverlauf zu finden (siehe 3.5).

3.5 Geplanter Unterrichtsverlauf

Zeit	Phase	Inhalt/Ablauf	Didaktisch methodischer Kommentar	Arbeits-/Sozialform Material
08:00	Begrü-ßung	Begrüßung, Ablauf und Thema der Stunde Verteilung der „Merkzettel"		Lehrervortrag (LV) Merkzettel
08:05	Wiederholung	Wiederholung der Begriffs-abgrenzung „Ergebnis und Ereignis"	„Es ist vermutlich noch nicht allen klar geworden in der letzten Stunde, wir wollen uns den **Unterschied zwischen einem Ergebnis und einem Ereignis** noch einmal an Beispielen anschauen." Die SuS' bekommen die Merkzettel ausgeteilt, zusätzlich werden die Bei-	Lehrer-Schüler-Gespräch OHP-Folie

			spiele für die Besprechung auf dem OHP angeworfen.	
08:20	Hausauf-gabenbe-sprechung	Besprechung der Hausauf-gabe. Sehr wahrscheinlich wird es zu einer weiteren Erarbeitung kommen, ob ein Zufallsversuch ein Lap-lace-Experiment ist oder nicht.	Es sind unterschiedliche Antworten bei Aufgabe 1 zu erwarten. Sofern aus den Antworten klar wird, dass die Schüler noch nicht sicher entscheiden konnten, ob ein Laplace-Experiment vorliegt, kann ein weiterer Bezug zum ausgeteil-ten Merkzettel hergestellt werden, auf welchem mit dem Urnenbeispiel ein ähnlich aufgebautes Experiment wie in der Hausaufgabe vorhanden ist. Zusätzlich sollte dann ein Bezug zu den Sicherungsergebnissen der vorange-gangenen Stunde stattfinden. Gesichert wurde: 1) „Bei einem Laplace-Experiment ist jedes Versuchsergebnis gleich wahr-scheinlich." Hier kann ein Unterstrei-chen oder Einkreisen des Begriffes Versuchsergebnis mit zugehöriger Er-klärung sinnvoll sein. 2) „Ereignis: Zusammenfassung einiger Ergebnisse"	LS-Gespräch
08:45	Pause		Lehrerwechsel	
08:50	Erarbei-tung I	Mit Hilfe der Ergebnisse der Hausaufgabe und des *Übungsblattes* sollen die SuS' selbstständig heraus-finden, wie sich allgemein die Wahrscheinlichkeit für Ereignisse bei Laplace-Experimenten berechnen lässt.		Partnerar-beit

09:05	Erarbei-tung II	Vergleich der Ergebnisse aus Aufgaben 1). Erarbeitung der Formel	Ergebnisse aus Aufgabe 1) werden auf der Folie, aufliegend auf dem OHP, festgehalten. An der Tafel Ideen der SuS' festhalten, was im Zähler, bzw. im Nenner stehen könnte. Ziel: **Beispiel:** **A= "Eine gerade Zahl würfeln"** **Günstige Ergebnisse: 2, 4 und 6** **Mögliche Ergebnisse: 1,2,3,4,5,6** $P(A) = \frac{3}{6} = \frac{1}{2}$ **Bei einem Zufallsexperiment mit gleichwahrscheinlichen Ergebnissen (Laplace-Experiment) gilt für die Wahrscheinlichkeit des Ereignisses A:** $P(A) = \dfrac{\textit{Anzahl der für A günstigen Ergebnisse}}{\textit{Anzahl aller möglichen Ergebnisse}}$ Ggf. Rückbezug auf den Merkzettel vom Beginn für weitere Beispiele.	LS-Gespräch
	Didakti-sche Re-serve/ Übungs-Phase	Übung: Arbeitsheft 'Neue Wege 6' S. 61, Aufgabe 1	Anwendungsaufgabe zur neu kennen-gelernten Formel.	Einzelarbeit
09:30	Abschluss	Hausaufgaben: Arbeitsheft 'Neue Wege 6' S. 61, Aufgabe 1, sofern nicht schon im Unterricht erledigt.		LV

3.6 Reflexion des durchgeführten Unterrichts

In der Folge wird nur der von mir unterrichtete Teil reflektiert. Dieser Teil hat, wie im Ablaufplan beschrieben, nach der Pause um 8:45 Uhr begonnen. Vorab muss festgehalten werden, dass Herr A. das erste Unterrichtsziel (vgl. S. 17, Z. 22ff) erreicht hat, bis auf Ausnahme von K*, der sich auch weiterhin 'weigerte' den Unterschied zwischen einem Laplace-Experiment und einem Nicht-Laplace-Experiment zu akzeptieren. Dieses Ergebnis lässt sich so festhalten, da ansonsten die SuS' bei Verständnisschwierigkeiten nachfragen (vgl. 3.1). Weitere Anmerkungen zum ersten Teil des Unterrichts, bspw. die Einordnung des Standpunktes von K*, sind in der Reflexion von Herrn A. zu finden.

Die von mir geleitete Unterrichtsphase begann mit dem *Übungsblatt* zur Entwicklung der Formel zur Bestimmung der Wahrscheinlichkeit bei Laplace-Experimenten. Nach der Ankündigung und dem Austeilen des *Übungsblattes* hätte es ausgereicht, **einen** Hinweis auf die Bearbeitungszeit zu geben. Hier habe ich zum einen den Bearbeitungszeitraum von zehn Minuten mitgeteilt und zum anderen diesen noch einmal auf die tatsächliche Uhrzeit projiziert. In der Zukunft ist es sinnvoll, sich auf eine Angabe zu beschränken, um den eigenen Redeanteil zu verkürzen. Hier bietet sich meiner Meinung nach die zweite Variante an, da die SuS' dadurch exakt wissen, wann die Arbeitsphase beendet sein soll (Uhrzeit). Mit der anschließenden Bearbeitung der Aufgaben auf dem *Übungsblatt* hatten die SuS' keine großen Probleme. Dies spricht sowohl für die 'Vorarbeit' von Herrn A. als auch für die Konzeption des *Übungsblattes* in tabellarischer Form, um die Zusammenhänge besser zu erkennen. Als es dann aber darum ging, die Gesetzmäßigkeit herauszuarbeiten, hatten einige SuS' damit Probleme, die mir in der Besprechungsphase begegneten. Am Anfang dieser Besprechungsphase wurden zunächst die Ergebnisse aus Aufgabe 1) verglichen. An diesem Punkt wäre es nicht nötig gewesen, die einzelnen Lösungsbeiträge der SuS' zu wiederholen. Durch die Wiederholung des Beitrages des Lernenden durch die Lehrkraft (auch als Lehrer-Echo bezeichnet) wird der Rest der Klasse nicht gerade zum Zuhören angeregt, da sie davon ausgehen können, dass die Lehrkraft ja eh die Antwort nochmals wiederholt. Dies wirkt dem Kommunizieren über Mathematik unter den SuS' entgegen. Weiter kann durch Vermeiden dieses Echos der Redeanteil seitens der Lehrkraft weiter reduziert werden. Aus methodischer Sicht hätte man zur Ergebnissicherung auch schon während der Bearbeitungszeit Folien austeilen können, auf denen einzelne Lernende dann ihre Lösung notiert hätten. In der Besprechungsphase hätte man diese Folien dann nutzen, bzw. im Hinblick auf Reduzierung des eigenen Redeanteils auch den Lernenden seine Lösung vorstellen lassen, können. Dies hätte wahrscheinlich dazu geführt, dass die Besprechungsphase nicht so stark lehrerzentriert gewesen wäre.

Bei der Besprechung von Aufgabe 2) ist es mir im Vorfeld wichtig gewesen, nicht all zu stark auf der festgeschriebenen Formel zu beharren, sondern auch den SuS' die Möglichkeit zu geben, ihre eigene Formulierung der Gesetzmäßigkeit zu ermöglichen. Aus diesem Grund hatte ich die Anmerkung von K* ('Anzahl, wieviel wir haben') im Bezug auf das, was im Zähler stehen müsste an die Tafel geschrieben, um damit weiter arbeiten zu können. Doch bei der Formulierung der Gesetzmäßigkeit für die Wahrscheinlichkeit bei Laplace-Experimenten trat dann wieder die Problematik mit den Begriffen 'Ergebnis' und 'Ereignis' auf. Einige SuS' versuchten K* Aussage zu verbessern, indem sie dem Zähler 'Anzahl der Ereignisse' zuordnen wollten. Das zu diesem Zeitpunkt wieder der Ereignisbegriff auftauchte, damit hatte ich nicht gerechnet. Insgesamt muss man im Bezug zur Erarbeitung der Formel im Plenum sagen, dass ich diesen Knackpunkt nicht ausreichend vorher durchdacht hatte. Es fehlten mir in dieser Situation geeignete Impulse oder alternative Wege, um den SuS' die, eigentlich schon verstandene, Formel zu verdeutlichen. Möglich wäre hier gewesen, noch einmal ein bekanntes Beispiel heranzuziehen. Zusätzlich hätte man als Notlösung auch die Hilfe des Buches in Anspruch nehmen können. Mein Weg führte in dieser Situation dorthin, dass ich mich dann doch fest an die 'vorgegebene' Formel gehalten habe und die SuS' mit sanftem Druck diese Formel aufschrieben lies. Die nicht erwartete Problematik dieser Entwicklungsphase führte gleichzeitig dazu, dass mir ein Fehler bei der korrekten Formulierung unterlaufen ist. An die Tafel wurde 'Anzahl der Ergebnisse des günstigen Ereignisses' geschrieben, obwohl die Wahrscheinlichkeit sich ja schon auf ein Ereignis bezieht. Von 'günstig' kann man im Bezug auf ein Ereignis nicht sprechen. Im Nachhinein unterstreicht diese Entwicklung, dass nicht genügend Alternativen, bzw. Impulse, für die Erarbeitung der Formel zur Verfügung gestanden haben. Solche Phasen müssen in der Zukunft besser durchdacht werden, und es müssen schon von vorne herein mehr Alternativen in die Planung mit einfließen. Die starke Lehrerzentrierung führte nun wiederum dazu, dass der Redeanteil meinerseits weiter stieg. Dies muss in Zukunft auch vermieden werden, bspw. durch geeignete Hilfsmittel, wie das Buch.

Zum Ende der Stunde hin konnte dann noch kurz die Aufgabe 1) auf Seite 61 des Arbeitsheftes begonnen werden. Der zeitliche Rahmen wurde somit eingehalten und das Stundenende erfolgte gleichzeitig mit dem Klingeln, was mir im Allgemeinen Schulpraktikum nicht immer geglückt ist.

3.7 Anmerkungen zum Übungs- und Hausaufgabenblatt sowie zum Merkzettel

Auf dem Übungsblatt wäre es sinnvoll gewesen, auch in der Zeile 'Ereignis in Worten' eine oder mehrere Spalten frei zu lassen, um auch hier den SuS' die Möglichkeit zu geben, diese 'Übersetzungsleistung' zu erbringen. Zudem könnte damit das Verständnis des Ereignisbegriffs weiter verdeutlicht werden. Weiterhin fehlen in der ersten Zeile Verben, um bspw. aus dem Würfel das Zufallsexperiment 'Würfel werfen' zu machen. In Aufgabe 2) muss in der Aufgabenstellung ein klarer Bezug zur Tabelle hergestellt werden. Hier sollte der Arbeitsauftrag lauten: 'Versuche zu beschreiben, wie sich die Wahrscheinlichkeit in der letzten Zeile der Tabelle berechnen lässt' und 'Erläutere dazu, wie die Zahl im Zähler und im Nenner zustande kommt.'

Auf dem Hausaufgabenblatt reicht die Formulierung 'Abgebildet ist eine Drehscheibe mit acht gleich großen Flächen' nicht aus, um auch aus diesem Versuch ein Zufallsexperiment zu machen. Für die SuS' ist es hilfreich zu beschreiben, was passieren soll. Hier wäre es angebracht gewesen, die Beschreibung zu ergänzen mit: 'Die Drehscheibe wird gedreht und bleibt nach einigen Umdrehungen auf einem Feld stehen. Der Pfeil zeigt nun auf eine der Zahlen 1-8.' Dies muss sich in bei der Formulierung von Aufgabe 1) fortsetzen. Auch hier fehlt wieder ein Verb (Bsp. 'ob es sich beim Drehen einer Drehscheibe').

Diese Problematik setzt sich auch auf dem Merkzettel fort. Auf der einen Seite ist die grafische Darstellung des Zufallsexperiment eine gute Möglichkeit, dass sich die SuS' dieses Experiment besser vorstellen können, falls sie es noch nicht erlebt haben. Auf der anderen Seite reicht ein bloßes Bild nicht aus. Auch hier wäre wiederum eine kurze Formulierung, bspw. 'Einen Spielwürfel werfen', hilfreich.

Zusammenfassend kann man aus der Gestaltung von 'Arbeitsblättern' ziehen, dass die die Formulierung des Arbeitsauftrages von großer Bedeutung ist. Aber auch der Aspekt der Beschreibung des vorliegenden Inhalts darf nicht vernachlässigt werden.

4. Fazit

Im Fachpraktikum 'Mathematik' an der X-Schule konnte ich viele Erfahrungen sammeln. Für mich am entscheidendsten ist der Aspekt der Formulierung von gezielten Arbeitsaufträgen gewesen. Schon während des Praktikums konnte ich mich mit den anderen Praktikanten in gewisser Art und Weise im Bezug auf Formulierungen austauschen. Es führte teilweise dazu, dass wir als letztes das Lehrerzimmer verließen, da wir noch über Formulierungen oder andere fachbezogene Fragestellungen diskutierten. An dieser Stelle möchte ich erwähnen, dass die Form der Durchführung (jeweils mit mehreren Prak-tikanten/-innen zusammen im gleichen Zeitraum) für mich eine fast ideale Form darstellt, da der Austausch untereinander die eigene Entwicklung maßgeblich fördert. Das fünf Wochen nicht ausreichen werden, um sicher den Beruf der Lehrkraft ausüben zu können, war mir im Vorfeld klar. Gerade der komplexe Bereich der Formulierung von Arbeitsaufträgen zeigt im Nachhinein, dass auch hier noch Verbesserungsbedarf besteht. Das Praktikum hat auf jeden Fall in diesem Bereich Sensibilisierungsarbeit geleistet. Da aus fachdidaktischer Sicht in der Ausbildung an der Universität in diesem Bereich nicht all zu viel pas-siert, ist dieser Aspekt nicht hoch genug zu bewerten.

Auch die vielen Unterrichtsbesuche in unterschiedlichen Klassenstufen haben neue Ein-blicke gewährt. Hervorheben möchte ich hier auch die Bereitschaft der Lehrkräfte zur Zu-sammenarbeit. Sowohl bei Hospitationen als auch bei selbstgehaltenen Unterrichtsstun-den gab es keine Probleme. Die Lehrkräfte gaben hilfreiche Tipps und statteten mich auch mit vielen Unterrichtsmaterialien aus. Wie schon in der Einleitung geschrieben, herrscht im Kollegium an der Schule eine sehr harmonische Stimmung. Ich habe mich im Umfeld 'Schule' und allem was der Lehrerberuf so mit sich bringt sehr wohl gefühlt. Aus meiner Sicht ist dies auch eine wesentliche Erkenntnis aus solch einem Praktikum. Am Ende steht bei mir die Erkenntnis, dass das Unterrichten von Mathematik auf Er-fahrung beruht. Ein gewisser Teil ist durch gezielte Planung aufzufangen, in der entspre-chenden Situation angemessen zu handeln kann, meiner Meinung nach, nur durch eine gewisse Unterrichtserfahrung ermöglicht werden. Einen gewissen Teil an eigener Unter-richtserfahrung konnte ich in den fünf Wochen an der X-Schule sammeln. Zudem hat sich an vielen Stellen gezeigt, dass mich die SuS' in der 'Rolle' als Lehrer akzeptieren und respektieren.

Literaturverzeichnis

Forster, Otto (2008). *Analysis 1 - Differential- und Integralrechnung einer Veränderlichen.* (9. Auflage). Wiesbaden: Vieweg & Sohn.

Hafenbrak, Bernd (2005). Einführung Mathematikdidaktik - Didaktische Prinzipien. Zugriff am 1.05.2013 unter http://www.didmath.ewf.uni-erlangen.de/Vorlesungen/Hauptschule/Zahlbereiche/ws08_09/Did06_04.pdf

Niedersächsisches Kultusministerium (2006). Kerncurriculum für das Gymnasium, Schuljahrgänge 5-10, Mathematik. Zugriff am 24.02.2013 unter http://db2.nibis.de/1db/cuvo/datei/kc_gym_mathe_nib.pdf

Richter, Gerhard (2004). *Stochastik - Methodische und fachliche Hinweise für den Unterricht.* Berlin: Pro Business.

Winter, Heinrich (1995). Mathematikunterricht und Allgemeinbildung. *Mitteilung der GDM,* 61, 37-46.

BEI GRIN MACHT SICH IHR WISSEN BEZAHLT

- Wir veröffentlichen Ihre Hausarbeit, Bachelor- und Masterarbeit

- Ihr eigenes eBook und Buch - weltweit in allen wichtigen Shops

- Verdienen Sie an jedem Verkauf

Jetzt bei www.GRIN.com hochladen und kostenlos publizieren